其有瓷理

 從顏色看瓷器

孫藝文 文　張玥 圖

中華教育

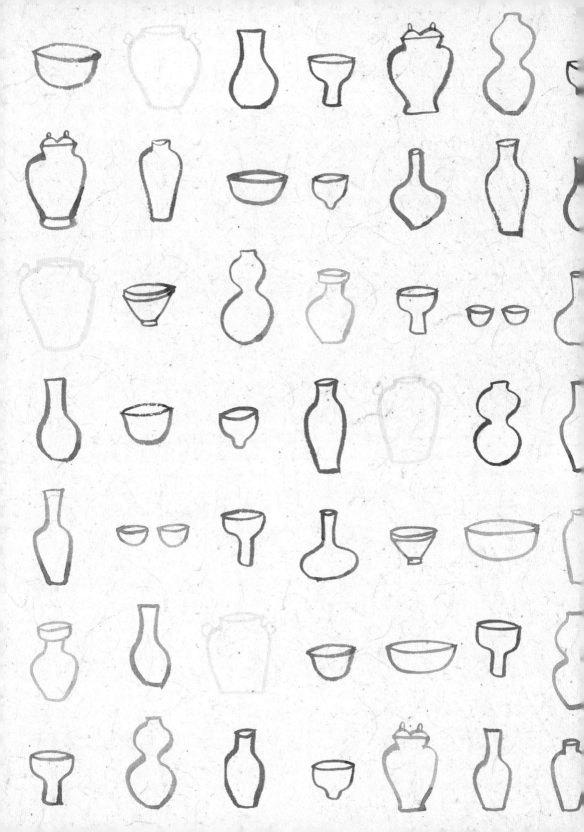

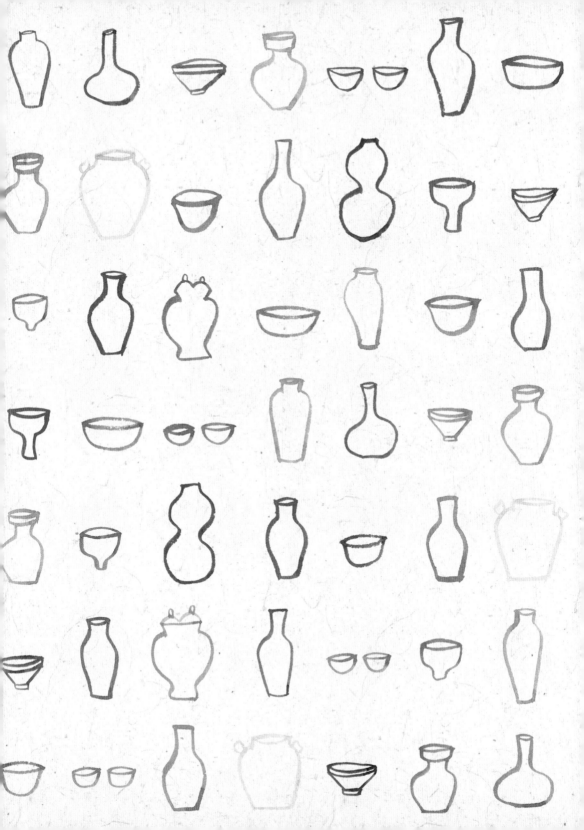

責任編輯　謝燿壕

裝幀設計　龐雅美

排版　龐雅美

印務　劉漢舉

其有瓷理

從顏色看瓷器

孫藝 文　張玥 圖

出版 / 中華教育

香港北角英皇道 499 號北角工業大廈 1 樓 B 室

電話：(852) 2137 2338　傳真：(852) 2713 8202

電子郵件：info@chunghwabook.com.hk

網址：http://www.chunghwabook.com.hk

發行 / 香港聯合書刊物流有限公司

香港新界荃灣德士古道 220–248 號荃灣工業中心 16 樓

電話：(852) 2150 2100　傳真：(852) 2407 3062

電子郵件：info@suplogistics.com.hk

印刷 / 美雅印刷製本有限公司

香港觀塘榮業街 6 號海濱工業大廈 4 樓 A 室

版次 / 2022 年 10 月第 1 版第 1 次印刷

©2022 中華教育

規格 / 16 開 (220mm x 168mm)

ISBN / 978-988-8808-66-3

博物館裏馬上要舉辦一個瓷器展，為此，工作人員忙忙碌碌好幾天了。趁着他休息的空隙，瓷器七嘴八舌地吵起來了……

我的座位太漂亮了！

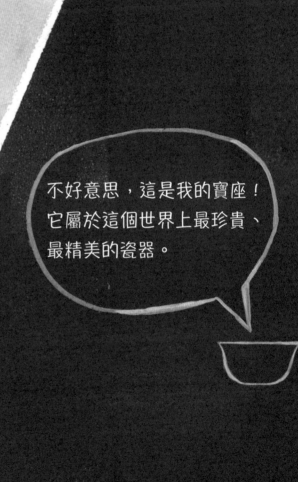

不好意思，這是我的寶座！
它屬於這個世界上最珍貴、
最精美的瓷器。

3

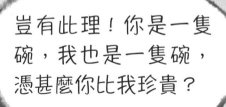

豈有此理！你是一隻碗，我也是一隻碗，憑甚麼你比我珍貴？

老白

唐　　　　　宋　　　　　元

4

從前，燒瓷的原料裏有很多雜質，所以我的爺爺、叔伯們長得不好看，而且他們的顏色相差很大，有的是灰綠色，有的是黃褐色。跟祖輩們相比，我的顏色讓人眼前一亮。

青瓷中的「青」不是一種顏色，是一類顏色。

聽說中國最懂藝術的皇帝宋徽宗為我寫詩，
說我像雨過天晴時天空的顏色。

「雨過天青雲破處」這句詩並不是我寫的。

宋徽宗

8

陸羽可能是中國歷史上最懂茶的人，他寫了一本《茶經》。聽說陸羽特別喜歡我，誇我像雪一樣潔白，像銀子一樣閃亮。

嗯⋯⋯你真這麼想？仔細讀讀我寫的書呀。

陸羽

　　若邢瓷類銀，越瓷類玉，邢不如越，一也；若邢瓷類雪，則越瓷類冰，邢不如越，二也；邢瓷白而茶色丹，越瓷青而茶色綠，邢不如越，三也。

——《茶經·四之器》

但……但是沒有我們白瓷的話，哪有後來影響全世界的青花瓷？

你是指那個渾身都是藍色文身的大傢伙嗎？

老白　　　老青

　唐　　　　　　宋　　　　　　元

你們好！我是大藍，家住土耳其伊斯坦堡。

大藍

明　　　　　　清　　　　　　今天

原來你是外國人？

 我生於中國，不久後去了遙遠的波斯（現在叫伊朗）。至於怎麼到了土耳其，這真是一個漫長又曲折的故事……

 為甚麼要離開中國呢？這裏才是瓷器的家。

 這個問題很難回答。我的身世是個謎。考古學家說，波斯人很喜歡中國瓷器，同時也喜歡密密麻麻的花紋，而且對藍色特別着迷，於是他們飄洋過海來到中國，請工匠製作佈滿藍色花紋的瓷器。

這是波斯人用的水壺，很多青花瓷也用了這個形狀。

波斯人喜歡藍色和複雜的花紋，他們的喜好影響了青花瓷的設計。

青花瓷是中國的嗎？
在回答這問題之前，我們先
看看青花瓷是怎麼來的。

元朝往後的幾百年裏，
瓷石加高嶺土的配方一直是
我們的祕密武器。

海上絲綢之路為甚麼又叫作「海上陶瓷之路」？
因為商人們買賣的主要貨物是瓷器。

13

波斯人不能生產瓷器？很難嗎？在我身上畫滿藍色花紋不就行了？

 那個時候，全世界只有中國人會製作瓷器。另一方面，畫出藍色花紋在那時候也不是一件容易的事，因為需要用到一種叫作「蘇麻離青」的東西，它在波斯很常見，在中國卻很稀有。蘇麻離青原本是灰黑色的，在 1300℃ 的高溫下會變成鮮豔的藍色。非常神奇，對吧？

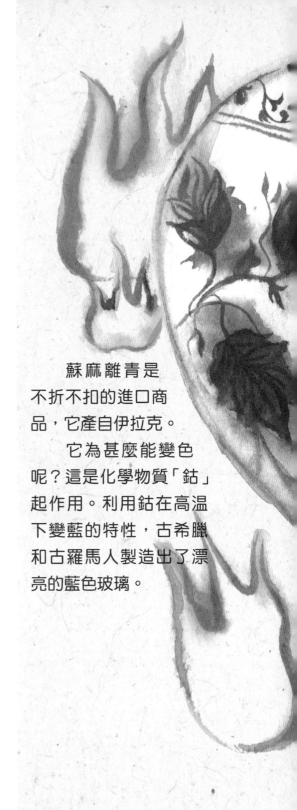

蘇麻離青是不折不扣的進口商品，它產自伊拉克。

它為甚麼能變色呢？這是化學物質「鈷」起作用。利用鈷在高溫下變藍的特性，古希臘和古羅馬人製造出了漂亮的藍色玻璃。

古時候，西方人認為鈷是鬼精靈變成的，因為它讓很多人丟了性命。後來人們發現，這不是鬼怪在搗鬼，而是因為在鈷礦裏往往含有一種叫作「砷」的劇毒物質。

簡單說來，就是波斯人帶着蘇麻離青來到中國，請這裏的匠人做出你之後，又帶着你離開了。

 是的。我還有不少兄弟姐妹，但他們大部分也沒有留在中國，似乎那時候我們不太受歡迎。

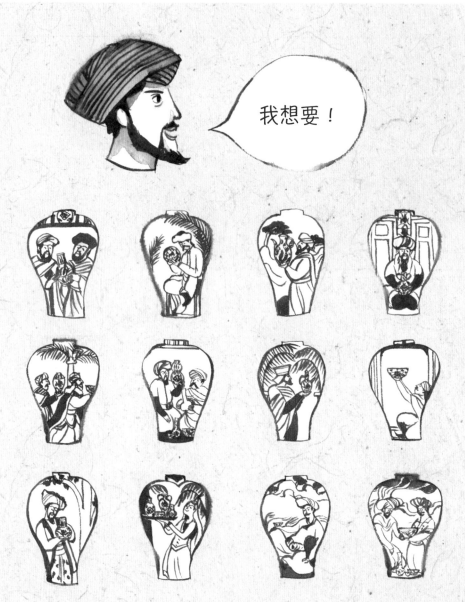

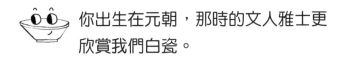你出生在元朝，那時的文人雅士更欣賞我們白瓷。

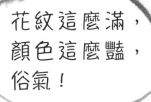花紋這麼滿，顏色這麼豔，俗氣！

現在全世界留下來的元朝青花瓷器一共不到 400 件，一大半都收藏在國外的博物館裏，土耳其的托卡比皇宮博物館裏就有 40 多件。

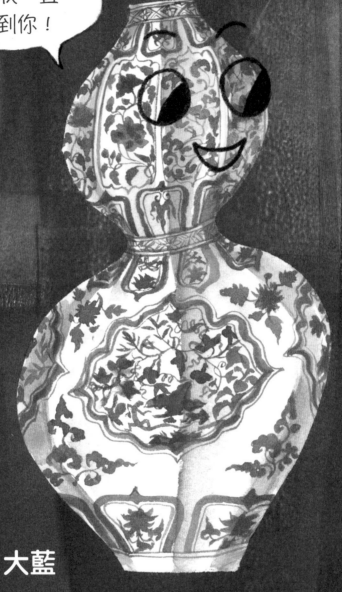

小藍，我一直盼着見到你！

大藍

 唐朝短暫出現過藍花紋的瓷器

唐　　　　　　　　宋　　　　　　　　元

大藍，我也非常想你！終於把你盼來了！

小藍

明　　　　　　清　　　　　　今天

左邊這條龍是一件元朝青花瓷器上的，
右邊那條龍來自一件明朝青花瓷器。
哪條龍身上的藍色更深？

 仔細看，你們的文身有很多不同呀！

 這是因為顏料不一樣。匠人在我身上用的是蘇麻
離青，它是波斯人帶來的，不是中國產的。

其中一條龍上的花紋會暈染開來，
就像墨滴在宣紙上一樣，你看到了嗎？
你覺得這兩條龍還有甚麼不同？

我聽說，一開始，明朝皇帝派人去國外購買蘇麻離青。外
國使節也會把蘇麻離青當作貢品獻給皇帝。儘管如此，這種
原料還是不夠用。後來聰明的匠人找到了可以替代蘇麻離青
的顏料，只是這些新顏料的成分和蘇麻離青並不完全一樣。

大藍，你離開中國幾十年後，明朝取代元朝。明朝皇帝特別鍾愛青花瓷，於是命令窯場大量生產。

 真沒想到，我們家族後來會變得如此興旺……幾乎可以說，青花瓷一統江湖！

十七世紀的荷蘭靜物畫裏經常出現青花瓷。

《諸神之宴》中的人物都是古羅馬神話中的神，原來他們也喜歡青花瓷！

德國夏洛滕堡宮的
瓷器屋裏滿是青花瓷。

法國的「太陽王」路易十四
曾經命人修建特里亞農瓷宮，
可惜它已經不復存在。

豈有此理！眼裏只有青花瓷的人，真是太無知了！古書裏說得明明白白，鮮紅為寶。紅釉瓷器才是真正的珍寶！

小紅

唐　　　　　　　　　宋　　　　　　　　元

我們對窰爐的溫度特別敏感。如果溫度太低，顏色會變得黑黢黢的。可是，溫度太高的話，便甚麼顏色也看不到。我們還經常會出現紅綠相間的顏色。

 年輕時，我見過一次帶紅色的瓷器，除了紅色，還有好看的紫色，但是只有一次。那是窰工意外燒出來的。

 兄弟，你的見識太少。我們唐朝那時，長沙窰就燒出過紅釉瓷器。

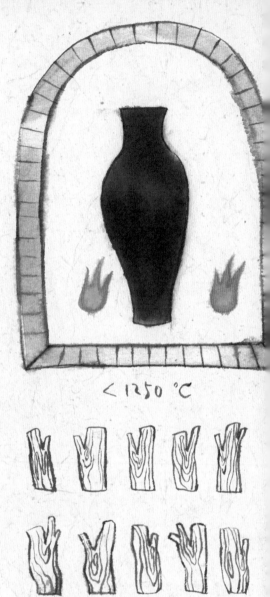

科學家用先進的儀器測算出來，燒製紅釉瓷器最合適的溫度是 1250℃ 到 1280℃。可是，從前的窰工沒有那樣精密的儀器，只能靠自己的經驗判斷溫度是否合適，所以燒製紅釉瓷器的難度可想而知。

1250°C ~ 1280°C

>1280°C

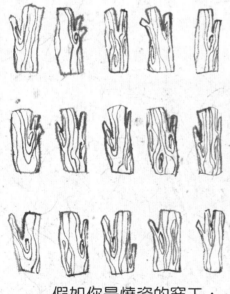

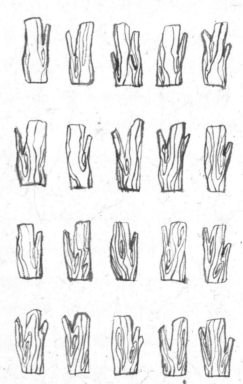

假如你是燒瓷的窯工，
但是沒有測量溫度的工具，
你有辦法知道窯爐裏的溫度
是否達到要求嗎？

唐朝的紅釉瓷器真難看，
哪像我，紅得像一顆寶石。

 你太自負了！唐朝的前輩
跟我們是一家人，你身上
的大紅袍，是工匠努力
一千年才得來的。

清朝康熙、雍正和乾隆三位皇帝在位期間，瓷器上的紅色種類多得讓人眼花繚亂，跟現在化妝品公司售賣的口紅顏色一樣多。

沒想到這次展覽來了這麼多大明星！他們的顏色都那麼漂亮，只有我黑黑的⋯⋯

黑仔

唐　　　　　　宋　　　　　　元

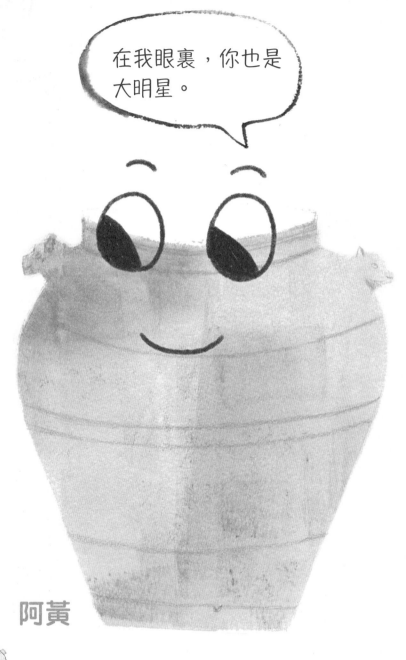

阿黃

明　　　　　　清　　　　　　今天

 這個黑黑的傢伙有甚麼過人之處？

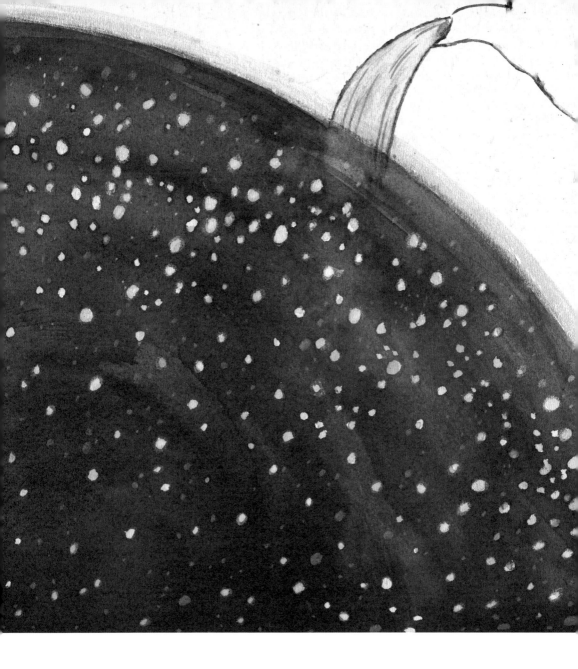

 你仔細看，黑仔身上有許多油滴一樣的斑紋。如果你往他的肚子裏加入清水，看起來就像繁星閃耀的黑夜；如果你加入的是茶水，會閃現出金黃色的斑點。

阿黃，謝謝你的誇獎。不管怎麼說，我只是個無足輕重的小人物。

太謙虛了！說沒地位，我們黃釉瓷器才是⋯⋯

阿黃，你不該妄自菲薄。我聽說，明朝和清朝的時候，黃色是皇家專用的顏色，百姓不能穿黃色衣服，民間不能私自生產黃色瓷器。這都說明你很重要呀！

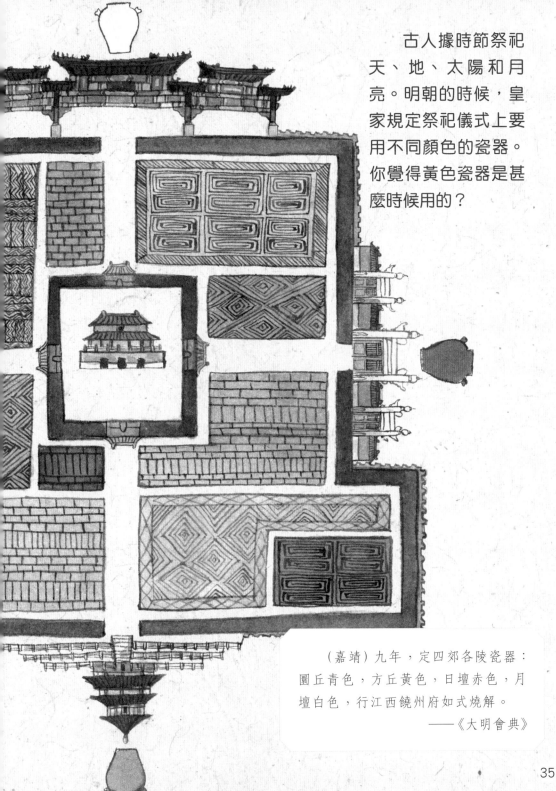

古人據時節祭祀天、地、太陽和月亮。明朝的時候，皇家規定祭祀儀式上要用不同顏色的瓷器。你覺得黃色瓷器是甚麼時候用的？

（嘉靖）九年，定四郊各陵瓷器：圜丘青色，方丘黃色，日壇赤色，月壇白色，行江西饒州府如式燒解。

——《大明會典》

我不認為一種顏色比另一種顏色更高貴，顏色和顏色之間是平等的。但是，你們看看自己，身上只有一種顏色，而我倆幾乎集合了你們所有的顏色！

彩彩姐

唐　　　　　　宋　　　　　　元

對，沒錯！

彩彩妹

明　　　　　　　　　　清　　　　　　　　今天

前面兩隻杯子的大名叫「鬥彩雞缸杯」。鬥彩中的「鬥」是甚麼意思？即便是研究瓷器的學者，對這個字的解釋也各不相同。

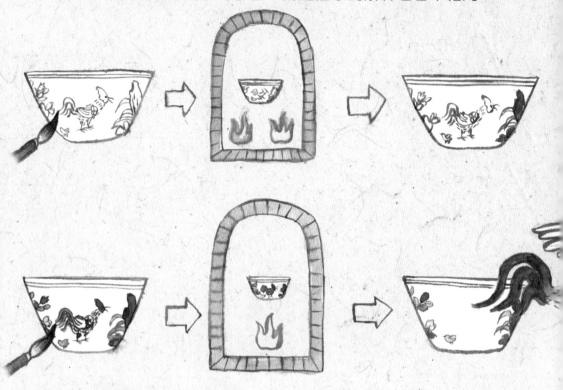

有人認為「鬥」是拼合的意思。一方面，一些地方的方言裏，「鬥」就表示「把兩樣東西合在一起」；另一方面，鬥彩工藝需要兩個步驟組合在一起完成：1.用青花顏料勾出輪廓線，然後高溫燒製；2.在勾出的輪廓線裏面填上五彩斑斕的顏色，用低溫再次燒製。

 難道顏色越多就越了不起？

1000 多年以前有一位畫家叫黃筌，他非常擅長畫花鳥草蟲。他作畫的時候，總是先用淡墨勾出輪廓，然後填上鮮豔的色彩。因為技法相似，所以很多人看到鬥彩雞缸杯就會聯想到黃筌。

老白，你誤會了。不過，只有工匠的技術高，才可以在瓷器上呈現出更多色彩，對吧？

顏色豐富？技法高超？哈哈，你們誰能跟我們琺瑯彩比，看來，這個寶座非我莫屬！

歡歡

唐　　　　　宋　　　　　元

小卉

明　　　　　　清　　　　　　今天

你雖然很花哨，但是一點都不美。

 有人說我豔俗，我覺得你才是！

 我美得與眾不同。你們不懂得欣賞！

 大家不要對我們琺瑯彩家族有偏見。我想說的是，琺瑯彩用得好，真的像畫一樣美。清朝最有名的三位皇帝 —— 康熙、雍正和乾隆 —— 都對我們琺瑯彩情有獨鍾。

康熙皇帝那時，琺瑯彩技術還不成熟，做不出底色是白色的琺瑯彩瓷器。

到雍正皇帝那
時，工匠燒製琺瑯彩
瓷，就像畫家在紙上
畫畫一樣輕鬆。

乾隆皇帝想了
甚麼辦法超越父親
和爺爺呢？他把各
種不同風格、不同
製作方法的工藝放
在一個瓷器上！

43

各位，各位，別鬧了！你們當中最年輕的也200多歲了，如果氣壞了身體，要在瓷器醫院裏躺好幾個月呢。在我眼裏，每一個都很美。大家選個舒服的姿勢，一起拍張照吧！

動手做
瓷器圖案的薯仔印章

　　燒製瓷器的工藝有點複雜，而且家裏很少具備燒瓷的條件，不過我們可以來做瓷器圖案的印章。把它印在記事簿或者小布包上作為裝飾，這樣你的記事簿或小布包就會與眾不同！

準備材料：

一個大薯仔，
或者一棵白蘿蔔

刻刀

丙烯顏料，
或者水彩顏料

記號筆

紙／布

步驟：

1. 把薯仔（或者白蘿蔔）切塊，3—5厘米厚。

2. 用記號筆在上面描出瓷碗的形狀。（當然，你也可以描成瓷瓶、瓷盤，或者其他你喜歡的瓷器。）

3. 小心地用刻刀剔掉圖形周圍的薯仔（或白蘿蔔），「瓷碗」的形狀就凸出來了。

4. 在凸出的「瓷碗」上均勻地刷上顏料，然後用力按壓在紙上（也可以按壓在一塊布上）。

5. 等顏料乾透以後，你可以在「瓷碗」上添加喜歡的圖案。發揮你的想像力和創造力的時候到啦！

6. 完成！

人物表
（按照出場順序排列）

全　名：邢窯白釉玉璧形底碗
年　齡：約1200歲（唐）
身　高：4.7厘米
現住址：故宮博物院，北京

全　名：汝窯天青釉碗
年　齡：約900歲（北宋）
身　高：6.7厘米
現住址：故宮博物院，北京

1 老白

2 老青

4 小藍

3 大藍

全　名：青花怪石茶花紋碗
年　齡：約550歲（明·成化）
身　高：6.7厘米
現住址：故宮博物院，北京

全　名：草蟲花卉八方葫蘆瓶
年　齡：約650歲（元）
身　高：60.5厘米
現住址：托卡比皇宮博物館，
　　　　土耳其伊斯坦堡

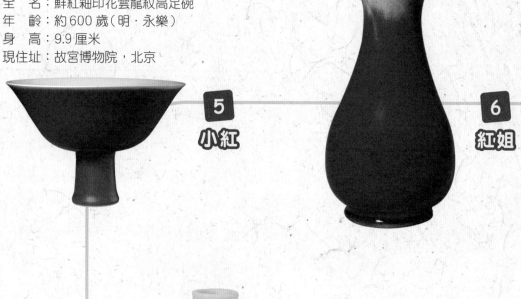

全　名：郎窯紅釉琵琶尊
年　齡：約300歲（清‧康熙）
身　高：36.6厘米
現住址：故宮博物院，北京

全　名：鮮紅釉印花雲龍紋高足碗
年　齡：約600歲（明‧永樂）
身　高：9.9厘米
現住址：故宮博物院，北京

5
小紅

6
紅姐

11
小卉

全　名：琺瑯彩山石花卉紋小瓶
年　齡：約280歲（清‧乾隆）
身　高：9.1厘米
現住址：故宮博物院，北京

全　名：黃釉金彩犧耳罐
年　齡：約500歲（明·弘治）
身　高：32厘米
現住址：故宮博物院，北京

7
阿黃

全　名：油滴天目茶碗
年　齡：約800歲（南宋）
身　高：7厘米
現住址：九州國立博物館，日本福岡

8
黑仔

9
彩彩姐、彩彩妹

10
歡歡

全　名：胭脂紅、藍地軋道琺瑯彩
　　　　折枝花紋合歡瓶
年　齡：約280歲（清·乾隆）
身　高：16.8厘米
現住址：故宮博物院，北京

全　名：鬥彩雞缸杯
年　齡：約550歲（明·成化）
身　高：3.4厘米
現住址：故宮博物院，北京

趙佶聽琴圖軸（局部）
北宋，趙佶，絹本，設色
147.2 厘米 × 51.3 厘米
現藏於故宮博物院

陸羽烹茶圖（局部）
元，趙原，紙本，水墨
27 厘米 × 78 厘米
現藏於台北故宮博物院

牡丹紋梅瓶
元
高 42 厘米
現藏於土耳其托卡比皇宮
博物館

晚明薑缸靜物
1669 年，威廉·考爾夫
（1619—1693，荷蘭），
布面油畫
66 厘米 × 78.1 厘米
現藏於美國印第安納波利斯
藝術博物館

青綠釉陶壺
12 世紀，伊朗
高 22.86 厘米
現藏於大英博物館
© The Trustees of the
British Museum

諸神之宴（局部）
1514/1529 年
喬瓦尼·貝利尼（約 1430/1435 — 1516，意大利）
提香（約 1488/1490 — 1576，意大利）
布面油畫
現藏於美國國家美術館

鈷藍釉面磚
13 世紀，伊朗
33 厘米 × 31.7 厘米 × 4 厘米
現藏於大英博物館

紫紅地琺瑯彩折枝蓮紋瓶
清·康熙
高 13.2 厘米
現藏於故宮博物院

琺瑯彩松竹梅紋瓶
清·雍正
高 16.9 厘米
現藏於故宮博物院

各種釉彩大瓶
清·乾隆
高 86.4 厘米
現藏於故宮博物院

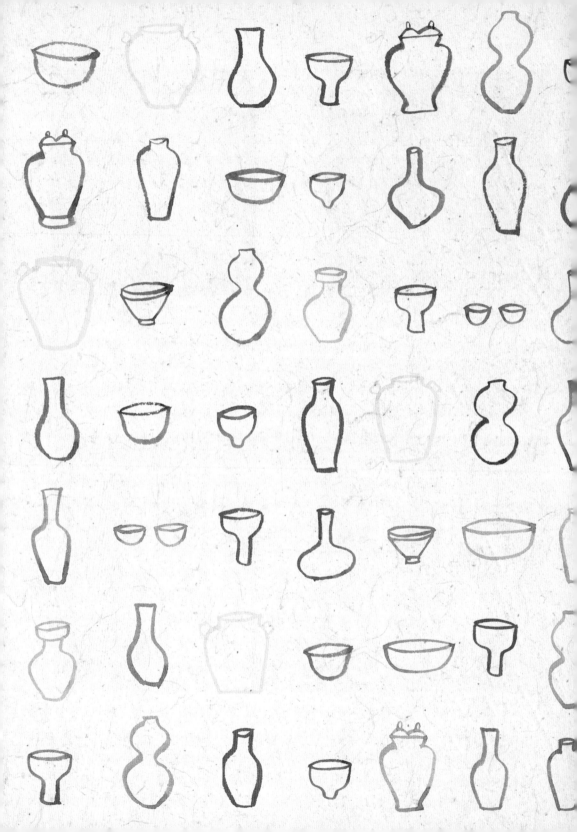

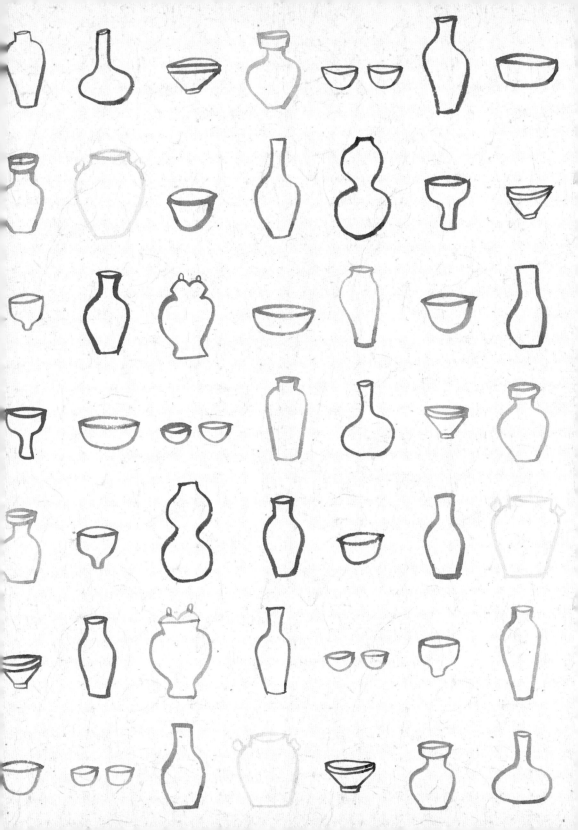